科技史里
看中国

夏商周
青铜冶炼领先世界

王小甫 ◆ 主编

人民东方出版传媒
People's Oriental Publishing & Media
东方出版社
The Oriental Press

图书在版编目（CIP）数据

科技史里看中国．夏商周：青铜冶炼领先世界／王
小甫主编．—— 北京：东方出版社，2024.3
ISBN 978-7-5207-3743-2

Ⅰ．①科… Ⅱ．①王… Ⅲ．①科学技术—技术史—中
国—少儿读物②青铜器（考古）—冶金史—中国—三代时期
—少儿读物 Ⅳ．① N092-49 ② TF-092

中国国家版本馆 CIP 数据核字 (2023) 第 214101 号

科技史里看中国 夏商周：青铜冶炼领先世界
（ KEJISHI LI KAN ZHONGGUO XIA SHANG ZHOU: QINGTONG YELIAN LINGXIAN SHIJIE ）

王小甫 主编

策划编辑：鲁艳芳		责任编辑：金　琪	
出　　版：东方出版社			
发　　行：人民东方出版传媒有限公司			
地　　址：北京市东城区朝阳门内大街166号		邮　　编：100010	
印　　刷：华睿林（天津）印刷有限公司		版　　次：2024年3月第1版	
印　　次：2024年3月北京第1次印刷		开　　本：787毫米×1092毫米　1/16	
印　　张：5		字　　数：67千字	
书　　号：ISBN 978-7-5207-3743-2		定　　价：300.00元（全10册）	
发行电话：（010）85924663　85924644　85924641			

我很好奇，没有发达的科技，古人是怎样生活的呢？

娜娜，古人的生活会不会很枯燥呢？

娜娜
四年级小学生，喜欢历史，充满好奇心。

旺旺
一只会说话的田园犬。

古人的生活可不枯燥。他们铸造了精美实用的青铜"冰箱"，纺织了薄如蝉翼的轻纱；他们面朝黄土，创造了农用机械，提高了劳作效率；他们仰望星空，发明了天文观测仪器，记录了日食、彗星；他们建造了雕梁画栋的建筑，烧制了美轮美奂的瓷器……这些科技成就影响了古人的生活，推动了中华文明的历史的进程，甚至传播到世界各地，促进了人类文明的进步。

中华民族历史悠久，每个时期都有重要的科技发展。我们一起去参观这些灿烂文明留下的痕迹吧，以朝代为序，由我来讲解不同时期的科技发展历史，让我们一起从科技史里看中国！

机器人洋洋
博物馆机器人，数据库里储存了很多历史知识。

目录

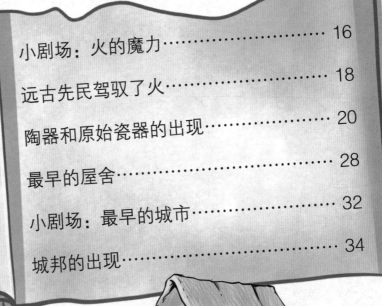

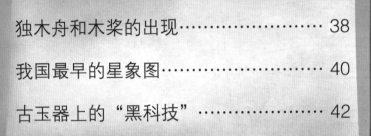

6

你们猜猜这是什么？

我知道！这是逗狗狗的玩具！

旺旺，看你的了！

啊！

我太大意了。应该先跟你们说明一下，这是原始人打猎的工具。

飞石索

对不起。

7

最早的工具

人类区别于动物的重要标志就是能够制造和使用工具。早在2万多年前，我们的祖先就学会了将石头加工成石矛、石镞（zú）和石斧——这些都是他们的狩猎工具。镞就是箭头，根据推测，弓箭在旧石器时代末期就已出现。弓箭可以远距离射杀鸟兽，大大提高了人们的狩猎效率。

大约1万年前，人们逐渐能对石器进行雕刻、穿孔、开槽等加工，对工具的打磨也更加精细，考古学界将这一时期称为新石器时代。与旧石器时代的工具相比，这一时期的石制工具有了更多种类，用途更加明确。我国北方多地曾出土了一种5000多年前的骨梗石刃刀，它以细长槽的兽骨为刀体，内装石刃。这种刀的出土反映了新石器时代的古人运用不同材料制造工具的能力。

石器时代使用石矛狩猎

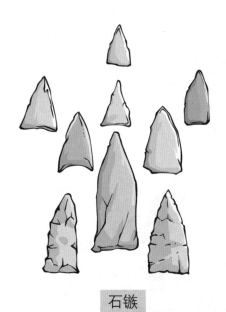

石镞

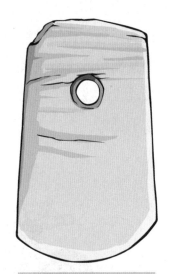

新石器时代的石钺

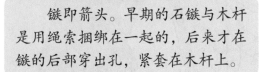
镞即箭头。早期的石镞与木杆是用绳索捆绑在一起的，后来才在镞的后部穿出孔，紧套在木杆上。

钺（yuè）即古代一种像板斧的兵器。在商代的青铜器中，也有同样造型的青铜钺。

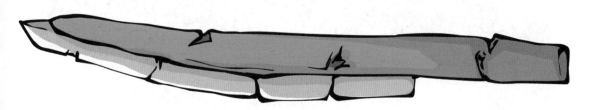

骨梗石刃刀

史前人们用来制作工具的材料也不只有石头，还有兽骨、贝壳等。在新石器时代，人们还学会了制作陶。他们造出陶球，再将其用绳索套住，做成一种类似流星索的武器，用来捕捉鸟类或小型兽类。

我国共出土过数百件骨梗石刃刀，最早的刀都来自北方。从所发现的各种骨梗石刃刀来看，骨梗多呈长条形或长三角形，前端尖锐，后端有柄。柄部常有穿孔，以便悬挂。

石器时代，人们除了狩猎，还能通过采摘和捕鱼获得食物。新石器时代的人们已经学会用植物纤维制作线和绳子，再把绳子编成网，用来捕鱼或狩猎飞禽。新石器时代的网我们虽然没有见过，但是从彩陶花纹中可以看到网的图形。

编织渔网

5000多年前，人们捕鱼的工具也不只有石矛和渔网，还有鱼钩、鱼线——新石器时代的人们已经开始将兽骨磨成鱼钩，用于钓鱼。

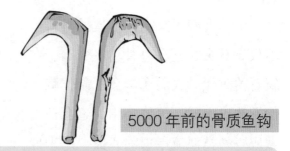

5000年前的骨质鱼钩

骨质鱼钩出土于青海宗日遗址。同时出土的骨器还有勺子、铲子等。

远古农业

虽然古人发明了各种石质武器，但狩猎仍是一项危险的工作，而且不是每一次都能成功猎到动物。有没有什么更安全、更稳定获取食物的方法呢？有，那就是种地。

在距今 9000 至 7000 年前，中华民族的先民们就开始种地了！同一时期，他们也减少了游猎活动，开始在某一地方定居。原始社会中，人类的定居地被称为聚落。在当时，不同的聚落会根据自然环境，种植不同的农作物。其中，最具代表性的就是长江流域的河姆渡和黄河流域的半坡。

在河姆渡遗址中，考古学家发现了大量已经炭化的稻谷，它们的品种已经与现代水稻一样。考古学家还发现，河姆渡人在聚落里囤积了 12 万公斤稻谷，差不多够 500 个人吃一年！

河姆渡人生活场景想象图

河姆渡人住在今天浙江一带，当地地势低洼、潮湿温热、水源充足，利于种植水稻。

南方的河姆渡人种稻谷，那北方的半坡人呢？在半坡遗址中，考古学家找到了两个小陶罐，里面装着半坡人保存的种子。这些种子后来被鉴定为粟，这一发现证明了我国是世界上最早种植粟的国家。根据考古证据推测，半坡人会用石磨把粟粒磨碎，再蒸、煮熟后吃，也就是说，早在 6000 多年前，半坡人就吃上小米饭了。

除了种植稻、粟等主食，考古学家还在中国不同的聚落遗址中发现过麦、麻和白菜的遗存。

那么这时的人们使用什么工具种田呢？先民们的农耕工具主要是石器，也有少量骨器、木器，他们会用石铲翻地，用石刀收割，最后用石杵碾磨粮食。

半坡遗址出土的粟

在半坡遗址出土的陶罐中，保存有完好的粟粒。这是六七千年前黄河流域种植粟的实证。

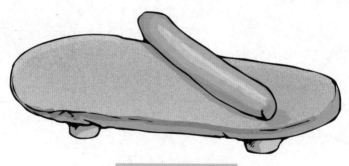

石磨盘和石磨棒

这套石磨工具出土于河南新郑的裴李岗遗址，约为 7000 年前遗存。操作者手持石磨棒，可在盘上碾磨谷物。

早期的农业都采用原始的耕种方式，即刀耕火种。人们以石斧砍伐地面上的草木，晒干后用火焚烧。经过火烧的土地会变得松软，这时再直接撒上种子，利用地表草木灰作肥料，农作物就可以自然生长了。刀耕火种产出的粮食十分有限，但却是早期人类改造自然环境的伟大成果。

新石器时期还出现了一种叫作耒耜(lěi sì)的农具，它是一种翻土工具，以杠杆原理达到省力的目的。这种工具后来演变成了锄。耒耜到锄的转变，也标志着原始的刀耕火种农业逐渐向石器锄耕进化了。

耒耜复原图

尖锐的木柄叫作耒，翻土的部件叫作耜，它们结合在一起就是耒耜。

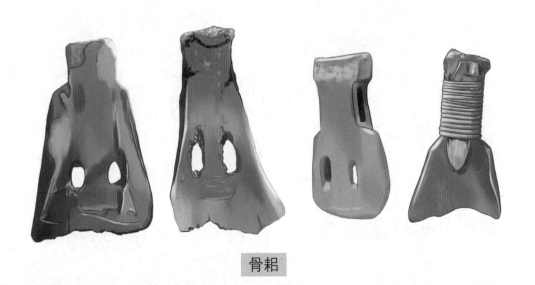

骨耜

耜作为一种挖土工具，呈铲形。河姆渡遗址出土的耜多用木头和牛的肩胛骨做成。

聚落部民在从事农耕之余，还开始驯养动物。刚开始，人们是把活捉的猎物或猎物的幼崽关起来，作为储备的肉食。后来发现，幼崽成年后还可通过交配生下新的幼崽，这样人们的肉食来源变得更加稳定了，原始的畜牧业由此诞生。这一时期人们主要饲养的动物有猪、狗、牛、羊、马、鸡，这几种动物后来被称为"六畜"。

　　在半坡聚落和河姆渡聚落中，男子主要从事渔猎，妇女管理原始农业、畜牧业和采集。妇女们获取的食物更稳定，而且因为她们长时间待在居住区中，可以兼顾住所管理、子女抚育、制陶和纺织等劳动，所以女性地位很高，氏族首领也通常由年长的女性担任。这一时期，财产都归集体所有，大家共同劳动共同消费，没有贫富贵贱和阶级差别。历史学家把这个阶段称为母系氏族公社时期。

先民生活想象图

9000 年前的乐器

位于今河南舞阳的贾湖遗址，距今已有 9000 至 7500 年的历史了。在那里，考古学家们找到了一种远古的乐器——骨笛。这证明在蒙昧的原始社会，人们已经开始享受艺术了。

贾湖骨笛有 2 孔、5 孔、6 孔、8 孔的，多为 7 孔，都是用鹤类的直骨制成。研究者推测，人们制作这种乐器起初是为模拟鸟类鸣叫的声音，以吸引并捕食其同类，后来人们在庆祝狩猎成功时也会吹响骨笛。渐渐地，狩猎工具变成了乐器。

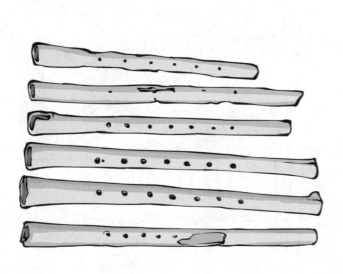

贾湖骨笛

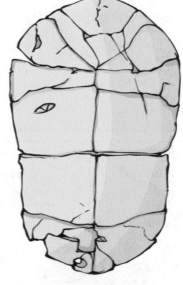

贾湖龟甲

骨笛长度不等，通常在 17—24 厘米之间，孔数也不固定。骨笛可以发出七声音阶，已能完整吹奏现代乐曲。它们的出现把人类音乐史向前推进了 3000 多年。

贾湖遗址中还出土了带有契刻符号的龟甲，应为祭祀占卜使用，这些龟甲比河南殷墟出土的甲骨早 4000 多年。

这有什么难的，他们在钻木取火。

对了！这可是史前时期最重要的发明！

火有什么重要的？

火可以做饭，还可以烧制陶器、冶炼金属，没有火，科技就无法发展。

想象一下，今天的晚饭要是不煮熟，你吃得下去吗？

不过，要想用这种小树枝取火，还真是难呢！

远古先民驾驭了火

在希腊神话中，火是天神偷偷盗取后送给人类的，但在我国的传说中，火是我们的祖先燧人氏钻木取得的。考古证据显示，北京周口店的北京人已经学会了用火烤制肉食，他们居住的洞穴中残留的灰烬厚达数米，说明火连续燃烧了很长时间，也说明他们是用阴燃的方式在保存火种。

因为学会了使用火，人们开始吃熟食，熟肉更容易消化，使原始人获得了更强健的体格。在古人类开始聚落生活之后，火又成为了烧造陶器、冶炼铜器的条件。可以说，是火催生出了人类的文明。

小知识

传说远古时期有一个燧明国，在那里有一个圣人因观察到鸟啄树枝的动作而学会了钻木取火。这个圣人被后人尊称为燧人。

钻木取火

陶器的产生离不开火。早期人类可能使用过植物枝条编成筐装东西，为不让筐漏水，他们将泥土涂敷在枝条外。后来一些偶然的情况下，人们发现这些敷上泥的器皿被火烤干之后，质地变得坚硬，还可以长期使用，于是人们便受到了启发，开始专门的陶器烧造工作。陶器的产生标志着人类制作工具的技术进一步提高了。

到了大约8000年前，人们发明了陶窑。窑是一个相对密闭的空间，在里面点火后会形成一个高温、高压的环境，在这个空间中烧出的陶器更坚固、更美观。

早期制陶

早期陶窑

陶器和原始瓷器的出现

在我国，目前发现陶器制作最早、类型最丰富的聚落遗址，正是位于山东淄博的后李遗址。这一聚落文化诞生于约 8500 年前，后来持续了 1000 多年，考古学家把这个聚落称作"陶器之祖"。后李陶器以红褐陶为主，制作工艺为泥条盘筑，器物表面光滑，沿口带有少量纹饰。器物种类有"豆"（盛放食物）、罐（装水）、釜（烹煮食物）、支架（支撑锅）、盆、盘、壶等。

后李红陶豆

后李陶罐

后李陶釜和陶支架

甘肃天水的大地湾遗址也是一个新石器时代的聚落遗址，其存在时间大约为 7800—4800 年前。考古学家在这里发现了许多风格不同于后李文化的陶器。大地湾陶器普遍绘有彩带装饰，图案包括鱼、水波、植物等。这类有纹饰的陶器叫作彩陶，它的出现标志着新石器时代的陶器制作工艺和审美水平有了大幅提高。大地湾陶器中有一件人头瓶，壶嘴被塑成人头状，这是中国目前发现得最早的雕塑之一。

描画彩陶

大地湾人头形器口彩陶瓶

　　这是一件既带有艺术性，又具有实用性的陶器。瓶口被做成人头状，此人披发，发整齐下垂，鼻呈蒜头形。倒水的时候，水会从口、鼻、眼处漏出。

随着史前人类生产力的提高，手工开始作为一项单独的工作，从生产分工中独立出来。在陶艺工匠出现后，陶器的原料选择、造型、装饰水平都有了长足进步。7000—5000年前的仰韶遗址中，考古学家不仅找到了精美的彩陶，还发现了一些造型奇特的艺术品。

仰韶鹰形陶鼎

这只鼎的造型非常罕见，它采用了驻足站立的雄鹰造型，鼎口设置于背部与两翼之间，将鼎形器物特征与动物美感巧妙地融为一体。

仰韶鹳鱼石斧图彩绘陶缸

陶缸上绘有水鸟、鱼和斧头，造型生动，充满趣味。这幅鹳鱼石斧图也是研究中国美术史时常常会提及的作品。

早期的陶器一般是用泥条盘筑法或泥片贴塑法塑形。泥条盘筑法即将泥搓成条状，一圈一圈地盘绕塑出想制作的器物的形状，最后再用手或工具将陶器磨平——半坡遗址、后李遗址出土的陶器都是这样做成的；泥片贴塑法则是围绕器底将泥片一块一块贴合成器，再将表面磨平，这种塑形法在南方聚落使用较多。

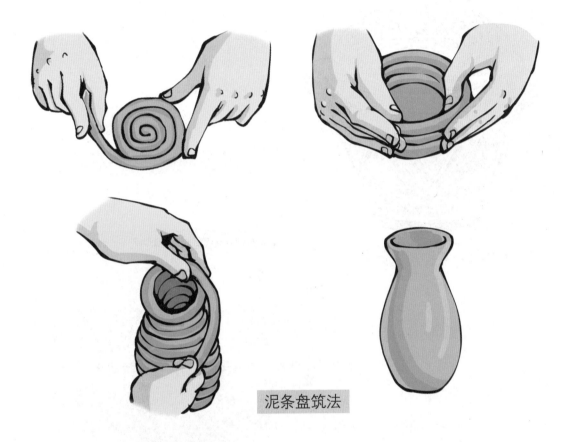

泥条盘筑法

　　在大约 6000 年前，出现了一种新的塑陶工具——陶轮。陶轮又叫陶车，是专门为陶器塑形所发明的机械，它带有一个水平圆盘，圆盘可以快速转动，制陶工人在转动的圆盘上捏出陶器的形状——我们今天的制陶作坊使用的拉坯机，工作原理就是继承自陶轮。

　　在距今约 6500—4500 年的大汶口遗址中，考古专家就发现了陶轮和大量精美的陶器。在新石器时代末期，我国无论南北，用陶轮制陶成为了主流。

大汶口三角纹彩陶背壶

小知识

新石器时代的彩陶是一种烧前绘彩的原始陶器。在陶器烧制前，工匠就会把各种颜色的纹饰绘在陶坯上，再经过晾晒、压磨，然后入窑烧制，这样彩绘纹饰可牢固地附着在烧成的陶器上，经过几千年都不褪色。

大汶口云雷纹彩陶釜

大汶口陶器的制作无论是原料的选择，还是器形的塑造、图案的装饰，均已达到相当高的水平。这件云雷纹彩陶釜，属于盛食器，器体庞大，是一件彩陶精品。

随着陶轮的使用，烧陶技术的提升，全新的陶器种类也出现了——这就是黑陶和白陶。

黑陶是在烧造过程中，将陶窑封起，让焦烟中的碳渗透到陶器当中形成的。黑陶表层乌黑发亮，有像金属器物一样的光泽，它是继彩陶之后，我国新石器时代制陶业出现的又一个高峰。随着大汶口文化的发展，黑陶的器物越来越精美，后期的黑陶胎体犹如蛋壳一般轻薄，因此又被叫作"蛋壳陶"。

大汶口黑陶高柄杯

造型别致，类似今天喝葡萄酒的高脚杯，高柄顺应了当时席地而坐的生活方式。

大汶口刻符黑陶尊

上面雕有简单的图案，这被认为是文字的雏形，比甲骨文还早 1500 年。

大汶口晚期出现的白陶是用白色高岭土烧制，胎薄质硬，色泽明丽，它的出现为后来瓷器的发明奠定了技术基础。史书上记载，夏朝人喜爱黑色，商朝人喜爱白色。所以到了商朝，白陶生产量大增，制作工艺也有了提升。商朝人在制陶前，会将原料进行淘洗，使烧出的白陶质地更加洁白细腻。他们还会在器物表面施加繁复的雕刻，增加陶器的美感。

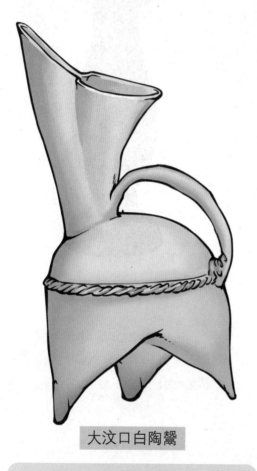

大汶口白陶鬶

　　鬶（guī）是古代烧水容器。这件白陶鬶的造型模仿了引颈鸣啼的鸟，造型独特，姿态生动，反映出大汶口崇尚鸟的文化特征。

大汶口白陶高柄杯

商回纹白陶罍

商代的精品白陶器常常带有通体雕刻纹饰，花纹有几何纹、饕餮纹等，显示了商朝高超的陶器制作工艺和艺术审美。这件白陶罍（léi）构图严谨，对比强烈是殷墟白陶的典型代表。

大约在 3500 年前的商代中期，工匠在白陶的基础上发明了原始的瓷器。瓷的烧造温度比陶更高，烧造难度更大，且器物外面会施上一层釉。商代原始瓷器还非常粗糙，但它们相比于陶器，质地更硬，防水性更强，优势十分明显。所以瓷器一出现，白陶器就迅速衰落了。原始瓷器不仅存在于商、周，直到汉代它们也还存在了一段时间。

西周原始瓷盉

盉（hé）是古代的盛酒器，是古人调和酒、水的器具。这件盉为灰白胎，施青黄釉。

商原始瓷罐

小知识

原始瓷器是在南方白陶器的基础上发展而来的。胎色以灰白为主，也有灰褐色或淡黄色。制坯原料未经处理，胎质较粗。器形常会歪斜，胎体厚薄也不均匀。

最早的屋舍

　　在旧石器时代，人们普遍居住在洞穴里。刚开始，他们会选择天然的山洞居住，在里面燃起篝火，驱赶野兽。后来，原始人开始自己挖掘洞窟居住，并且为自己的洞窟盖上了干草屋顶。再后来，人们只挖一个浅坑，然后沿坑口修筑起泥墙，建造出了半地穴式房屋。再后来，随着人们的建筑知识水平提高，直接在地面建起的屋舍出现了。

　　当然，这种由洞穴演变而来的房子只适合建在环境干燥的地方，而在潮湿的南方，人们的屋舍又呈现出了不同的面貌。

人类居所的演变过程

半坡人半地穴式房屋复原图

　　半地穴式房屋的墙体下部多是天然土层，外涂草拌泥；墙体上部是一种由四周墙柱作为木骨，树枝编篱的"木骨泥墙"。

半坡人半地穴式圆形房屋复原图

在我国的神话中，第一个在树上修房子的人叫有巢氏，听到这个名字，我们就能想象，在他生活的聚落，房屋是像鸟巢一样挂在树上的。研究者推测有巢氏生活的聚落位于长江流域，这里环境潮湿，有很多蛇虫，所以必须把屋舍建到半空中。

南方的先人们最早是在单棵或多棵树上建房子，后来又学会在平地上搭建木桩，再把房子架在木桩支撑的平台上，这种房子就叫干栏式建筑。

小知识

半地穴居发展到后期，人们逐渐以自然地面为居住地面，不再向下挖掘，从而形成了地面建筑。

干栏式房屋演变过程

干栏式房屋复原图

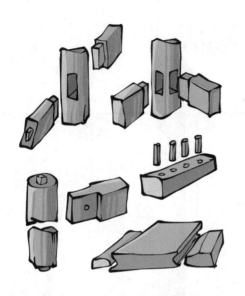

河姆渡人建房屋时使用的榫卯件

在大约 4000 至 2000 年前，先民们还建造过一种名为石棚的建筑。石棚一般用 3 块巨石围成石墙，顶部有巨大的石头盖子，底部也常垫有巨石。这种建筑可以防风遮雨，但它们常常独立出现，不能作为群体的居所，那么古人们究竟是出于什么目的建造这种石屋的呢？这一点考古学家至今没有给出确切的解释。不过，石棚的出现说明在遥远的古代，生活在我国不同地区的人们，已经学会了根据环境使用不同的建筑材料，造出各种建筑。

二台乡石棚

二台乡石棚位于辽宁盖州，据史料记载，其建造的年代大约在青铜器时代，或更早的新石器时代晚期。这是我国目前所见规模最大、做工最精、保存最好的一座石棚。

小剧场：最早的城市

那么，夏朝之后的朝代呢？

是商朝！

太简单了，来点难的吧！

那么，分别说出一个夏朝和商朝的城市吧！

啊？

我不会帮你作弊的。咱们一起看看展览就知道答案了！

33

城邦的出现

　　人类聚落发展到后期，由于人口增加，生产力进步，人们修建的房屋越来越多，聚落各区域的功能也得到了细化。人们为了在一个地方长期安居乐业，还开始建造围墙保护自己的聚落，甚至修建了简单的水利设施。这便形成了早期的城邦。

　　位于安徽的凌家滩遗址在 5000 多年前就是一座城邦。这里不仅有大型的祭祀台、家族墓地，还有用红陶砖筑成的巨大广场和城墙。城邦被分成了三个区域：普通部落成员居住的地方为第一区域；用红陶土块铺就的广场面积达 3000 平方米，为第二区域，这里也是部落首领的宫殿区；第三区域是大型墓葬区，区域中央有一处约 1 米高的祭坛。

凌家滩遗址

凌家滩玉鹰

　　考古学家在凌家滩遗址发掘出了许多精美玉器。这只玉鹰可能是族徽标志，也可能是祭祀用品。

位于河南偃师的二里头遗址，一直被考古学家推测为夏朝中晚期的都城。专家考证了遗址中宫城痕迹，认为曾经存在一个东西长 108 米、南北宽 100 米的超大型建筑群！这里就是夏朝举行祭祀、首领会盟以及国君处理政务的地方。

二里头遗址一号宫殿建筑群复原图

一号宫殿是一个"四阿重屋"式的殿堂，殿前有数百平方米的庭院。宫殿四周是回廊。大门位于南墙的中部，其间有 3 条通道。二里头遗址的宫殿虽然简陋，但形制和结构都已经比较完善。

二里头一号宫殿的建筑水平较新石器时代有了明显进步。工人在修建庭院和宫殿前，要把表面浮土挖掉，露出生土，然后对生土进行夯筑。屋舍建筑下面的夯层比庭院要深，而且垫有 3 层鹅卵石来加固地基。建筑的墙面采用夯土墙：先用木板或树枝夹出墙面空间，再往空间中填泥土，把泥夯实后再拆掉木板。宫殿屋顶采用了两坡式结构，提升了屋舍的防水性能。

双坡式屋顶建筑

二里头遗址还建有纵横交错的中心区道路网、按中轴线排列的建筑群，表明二里头遗址是一处规划缜密、布局严整的大型都邑。

夏朝灭亡之后，新的王朝——商朝诞生了，商朝曾有过多个国都，其中在河南安阳建立的都城被称为"殷"。这座城邦里有官员居所、冶铜作坊，在核心宫殿区还建有50多座宫殿、宗庙、祭坛。各种建筑数量繁多、宏伟壮观，让殷成为了当时的世界上为数不多的大型古典城邦。

夏朝时，双坡式屋顶建筑已经出现且逐渐普及。这种屋顶后来演变成了具有中国建筑特色的坡顶。从这个时期开始，我国建筑已经具备了台基、屋身、屋顶的三段式结构。

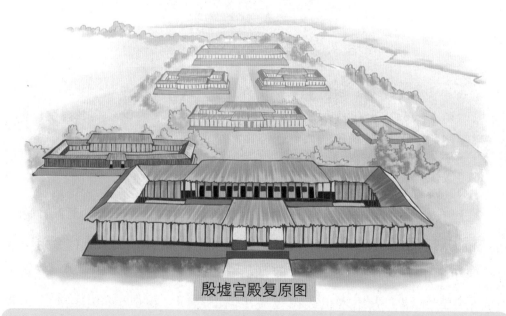

殷墟宫殿复原图

殷墟宫殿区建筑以夯土为地基，茅草为顶，考古学家称这类建筑为"茅茨土阶"。虽然材料比后来的建筑简陋得多，但规模庞大、布局有序，俨然已有一副帝王之风。

商朝灭亡后，西周建立了。目前考古专家发现的最早的西周建筑群，是位于陕西岐山的凤雏遗址，它大约建于 3100 年前。西周初期，人们已经发明了泥瓦，他们用瓦片取代茅草铺设屋顶，使房屋具备了更强的防水性。凤雏遗址的宫殿采用了两进式结构，中轴线上依次是影壁、大门、前堂和后室。前堂与后室之间有廊联结，东西两侧是长厢房。这座宫殿是我国现存最早的四合院实例，充分体现了凤雏遗址在中国建筑历史上的里程碑意义。

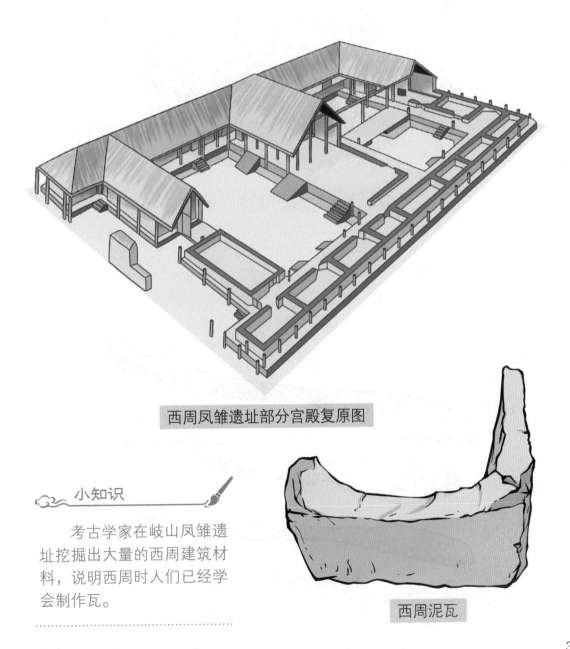

西周凤雏遗址部分宫殿复原图

小知识

考古学家在岐山凤雏遗址挖掘出大量的西周建筑材料，说明西周时人们已经学会制作瓦。

西周泥瓦

独木舟和木桨的出现

古人迁徙涉水、结网捕鱼都离不开江河湖海，他们的水上交通工具最早是什么样的呢？史书记载，早在史前时代，人们便受到落叶和枯木漂浮在水上的启发，发明了独木舟。

河姆渡遗址出土的陶舟形器

船模长7.4厘米，高3.3厘米，外形两头尖而上翘，带有穿孔，大约制作于7000年前。

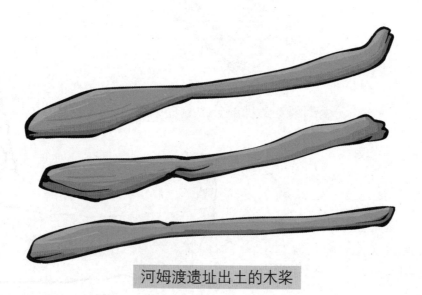

河姆渡遗址出土的木桨

制作独木舟

小知识

独木舟就是用一根木头制成的船，是船舶的"先祖"，全世界各地都出现过。

除了独木舟，先民们制作的船只还有木筏、竹筏等，但这些舟筏很简陋，装载量小，且行驶时危险系数很大，所以后来人们又在舟筏的基础上发明了木板船。

我们都听过"大禹治水"的传说，史书有记载：大禹成功治理洪水之后，把天下分为九个州，建立了夏王朝。夏朝时，九州之间已经有了货运贸易，从国都开出的货船会驶往全国各地，满载货物后回到国都。货运中使用的船只就是木板船。古书《墨子》中还记载，大禹会亲自监制木板船。

商王朝建立以后，国君专门设置了官员监督舟车制造，并管理交通运输。到了西周周穆王时期，船运事业已经发展得很健全，周穆王就曾乘船50多次周游全国。

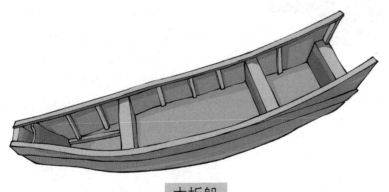

木板船

小知识

西周建立了国家官僚制度，掌管水利、舟车与工程建筑的官员叫司空，司空下属船官有舟牧、水师和司楫。

我国最早的星象图

中华民族自古以龙作为民族图腾。那么这种信仰是从什么时候产生的呢？1987年，考古学家在河南濮阳的西水坡大墓中发现了一条贝壳拼起来的龙，证明在6000多年前，我们的祖先就创造出了龙图腾。

西水坡大墓是一座远古墓穴，墓主人的身旁躺着一条龙和一只虎，墓穴内稍远的地方还有3个殉葬的少年。两只神兽用贝壳拼凑，造型生动。在墓主人的脚下，还有一堆贝壳和两根腿骨摆成的奇怪图案。考古专家继续发掘，又在南边找到了用贝壳摆成的鸟和鹿。于是，专家把这些细节串联起来，得出了一个惊人的结论——这个墓葬其实是古代的天文星图。

北

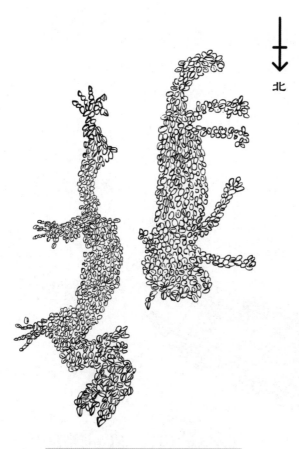

河南西水坡大墓中的龙与虎

小知识

龙与虎的形象来源于古人的星象观测：他们用虎的形象代表西边的星象，用龙的形象表现东方星宿，用鸟代表南方星宿，用鹿代表北方星宿，这就是最早的"四象"。后来，鹿的形象发生了改变，变成了龟和蛇的合体。

墓主人左右两边的龙与虎，代表着天空的星宿。而他脚下的图案则代表北斗星。北斗的斗柄对着龙，斗口对着虎，这与现实中星宿的方位一致。为什么要用腿骨代表北斗的柄呢？因为在远古，人们观测太阳光影，就是用自己的小腿做参照的。后来，人们发明了圭（guī）表，最初的圭表就是一根插在地上的直杆，通过观察杆的影子，就可以确定夏至、冬至、春分、秋分了。

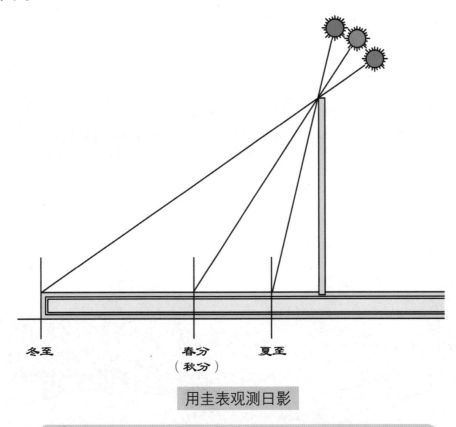

用圭表观测日影

观测圭表形成影子的长短，可以确定太阳与地球表面的夹角，依次确定夏至、春分（秋分）和冬至。

到了现在，虽然考古学家对西水坡大墓的墓主人身份还没有定论，但这座大墓的发现，不仅说明我们的祖先在6000年前就创造出了龙的形象，也说明那时的人们已经开始观测太阳和星象，甚至创作出了星象图。这一套星象体系也被传承了下来，成为了历法诞生的基础。

古玉器上的"黑科技"

古人认为玉石既美丽又低调，比黄金更加有内涵，他们甚至相信玉有"通神"的力量，因此常用玉器进行祭祀。

在我国不同地区的史前聚落遗址里，考古学家都发现过很多精美的玉器。比如五六千年前的红山C形龙，以及距今5000多年的凌家滩玉鹰、玉人。在这些新石器时代的聚落中，出土玉器数量最多、种类最丰富的要数良渚（zhǔ）遗址。

良渚古城诞生于大约5300年前，位于今天的浙江省。生活在这里的先民们不仅掌握了先进的农耕技术，还修建了原始的水利大坝、城墙，在玉石制作、制陶、竹器编织、丝麻纺织等手工领域都达到了很高水平。

良渚古城复原图

良渚人的科技水平很高，他们修建的水利大坝可以起到防洪、蓄水的作用。在干旱的时候，溪流中的水会汇入城中低洼处，供人们取用。

良渚古城中的玉器数量之多、品种之丰富、雕琢之精美，均达到史前玉器的高峰。许多玉器上还出现了不少刻画符号，这些符号在形体上已很接近商周时期的文字，是良渚文化进入文明时代的重要标志。

良渚神人兽面纹玉器

神人兽面纹玉器是祭祀礼器，上面的图画描绘了祭司戴面具祭祀天地的动作，表现了先民"天人合一"的思想，这种思想后来成为了中华传统文化的核心。

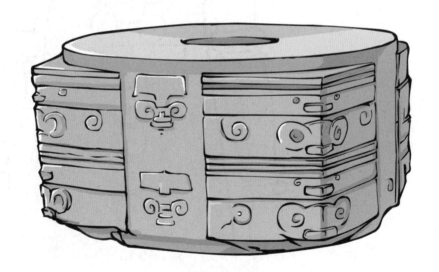

良渚玉琮王

玉琮（cóng）是一个空心柱体，是良渚文化的代表玉器。这件玉琮是良渚文化玉琮之首，整体只有火柴盒大小，但在每毫米的空间上，都刻画了数条细线，比头发丝还细！这种工艺即便放在今天也很难完成。

良渚玉璧

良渚玉饰

小知识

良渚遗址中出土
的玉器近2万件，共
包括玉琮、玉璧、玉钺、
玉三叉形器、玉梳背、
玉鸟、玉龟、玉蝉等
40余种类型。其中玉
琮和玉璧最多，它们
是祭祀时使用的礼器。

除了礼器，良渚遗址还出土了很多玉石饰品，比如臂饰、玉璜、玉串。
这种佩戴成套玉饰品的文化一直延续了数千年。

古人在没有现代机械的情况下，是如何加工这些坚硬的玉石的呢？答案是用麻绳。古人会往麻绳里添加硬质细砂和水，再不断拉扯麻绳，这样就能把玉石切割开了。切割后的玉石切面会带有波浪纹，需要磨平之后，才能进行下一步加工。史前的玉工会席地而坐，把玉放在大的砥石上，一边浇水、加砂，一边研磨，直到把玉块打磨成光滑规整的形状。有些玉器需要钻孔，这又该怎么操作呢？专家推测，古人会用某种坚硬的黑石英作为钻头，在玉石上反复旋转，这就能钻出孔了。

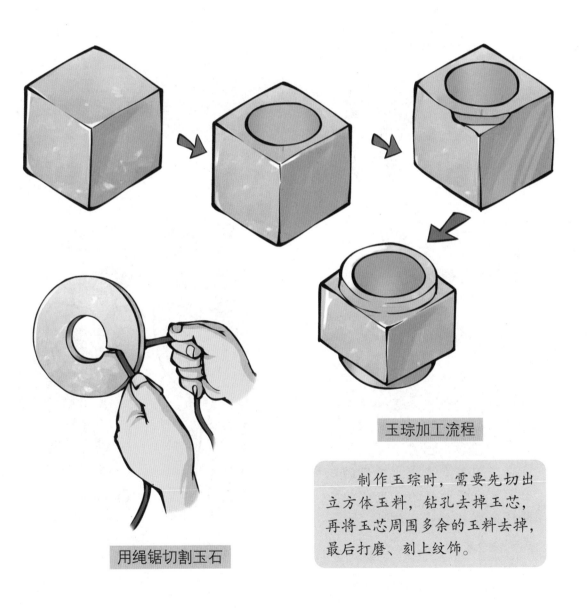

用绳锯切割玉石

玉琮加工流程

制作玉琮时，需要先切出立方体玉料，钻孔去掉玉芯，再将玉芯周围多余的玉料去掉，最后打磨、刻上纹饰。

就这样，玉文化在我国发展了几千年，商朝人对玉器的加工技术有了进步。商朝有一任国君名叫武丁，他的妻子妇好是一位女祭司，也是一位女将军。1976 年，考古学家在河南殷墟发掘到了妇好墓，在墓中找到了大量精美的玉器，其中制作工艺最精湛的是一只玉凤。这也是我们目前见到的最早的凤凰图腾。

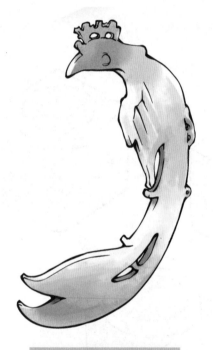

商妇好墓出土的玉凤

这件玉凤高 13.6 厘米，整体呈黄褐色，鸟冠和尾羽处做了镂空处理，腰间有一突起的圆钮，上有小孔，可穿绳子佩戴在身上。玉凤的出现，说明商代的工匠已能熟练地掌握镂空、钻孔、抛光等技术。

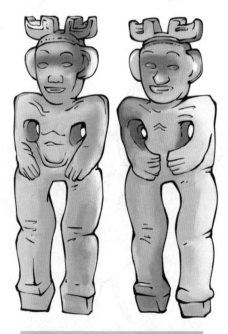

商妇好墓出土的双性玉人

商妇好墓出土的玉人

　　砣（tuó）机是一种打磨玉器的机械，这种机械最晚在商代就已经出现了。早期的砣机需要两人配合操作，一人拉动转轮，另一人手持玉器加工，打磨时还要不断添加解玉砂和水。在魏晋南北朝时，出现了一种可以用脚踩转动转轮的砣机，从这时开始，磨制玉石的工作就可以单人完成了。

双人操作砣机

到了西周，人们对玉的喜爱有增无减，并开始将玉与道德文化联系起来。这时候，国家已经专门设立了官员监管玉器的生产制作，并开始使用新疆和田玉制作玉佩。

中国人爱玉，称"黄金有价玉无价"，因为玉石与中华文明的起源有着深刻的渊源。从作为祭祀礼器，到变为日常饰品，玉制品承载的含义一直在演变，但不变的是它一直贯穿着我国的历史。

西周虢国墓出土的神人龙纹玉璧

玉璧为绿色。一面雕刻两组龙首、神人首共身纹；另一面光素无纹。纹饰精美，制作精绝，应属王室之玉器，是周代玉璧中的珍品。现收藏于中国国家博物馆。

西周龙纹玉瑗

出土于陕西韩城梁带村芮国遗址。此玉瑗（yuàn）属青白玉，正面有两条龙纹。纹饰采用西周中期典型的"一面坡"刀法琢制。

西周佩饰类玉器中最引人注目的
是玉组佩，这是西周以前从未出现过
的玉器新品种，时代风格非常鲜明。
玉组佩多以玉璜为主体，辅以各种小
件的玉饰。大型的玉组佩形制极为复
杂，只有地位很高的人才可以佩戴。

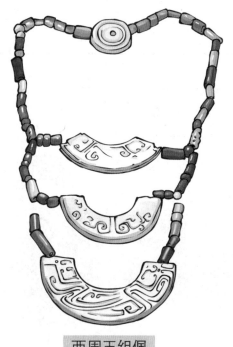

西周玉组佩

西周玉鹿

西周墓葬中还有一种新奇的玉
器——玉覆面。玉覆面是按照人的五
官分别制作的片状玉件，将之缝在布
上，待逝者下葬时，把它覆盖在逝者
的脸上。

玉鹿是西周时期的特色器物。通常玉鹿是以浮雕形式出现，也兼有少
量的圆雕作品。此件玉鹿短角上有一分枝卷曲成孔，可配绳拴在身上。

看来你体会到在周朝做贵族的不易了。

戴上玉佩，你可比平时文静多了。

接下来，给你们看点更厉害的！

是什么？

就是它们。

这可是汉字的祖先哟！

文字的诞生

文字的诞生是文明发展的重要里程碑。有了文字，我们就能记录经验，跨越地域和时光传递信息。我国最早的文字叫作甲骨文，诞生于商朝。相传，清末的时候，河南安阳的农民挖到了一些刻有符号的兽骨、龟甲，把它们当成中药售卖。后来，一个叫王懿荣的官员在买药材时发现了兽骨上的符号。学者经过研究，得出了这些符号就是商朝文字的结论，这个发现震动了学术界。后来，研究者又陆续在河南、陕西等地，发掘出了十几万块刻有文字的甲骨。

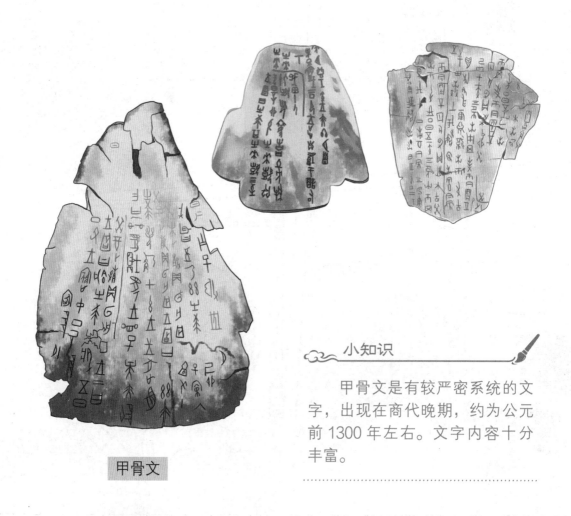

甲骨文

小知识

甲骨文是有较严密系统的文字，出现在商代晚期，约为公元前 1300 年左右。文字内容十分丰富。

其实在殷商之前，研究者在新石器时代的岩壁画、陶器上找到过零碎的刻画符号，但那些符号尚未像甲骨文一样形成较严密的文字体系。所以可以说，甲骨文才是中华文字之祖。

经过100多年来的研究，目前人们已能辨认2500多个甲骨文字，其中有大约1500个与现代汉字相近。这些古文字的发现，对还原汉字发展史具有重大意义。

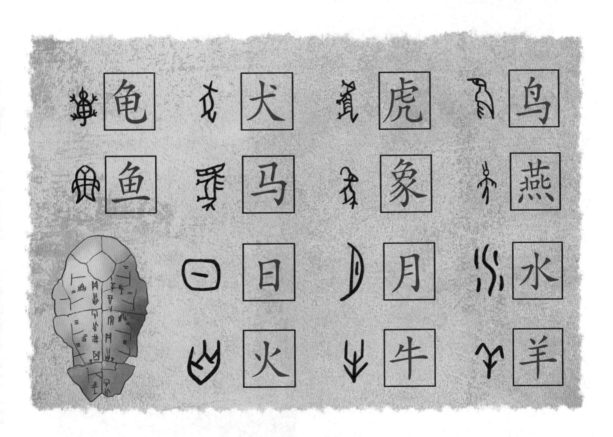

象形文字

象形文字简单来说就是一幅画，例如甲骨文在书写龟、鱼、犬、马等动物时，就基本是用描绘动物外形的方式造字。描绘的方式和原始壁画很像。这些象形文字不断演变，才变成了我们现代使用的汉字。

商朝人熟练掌握在龟甲、兽骨上刻字的技术后，又开始将文字铸到了青铜器皿上。冶铜的技术出现在夏朝，至商朝时工艺已经比较成熟，那时的人们把青铜称为"金"，因此铸在青铜器皿上的文字也叫"金文"。这种文字从商代末期使用到了秦朝初年，前后存在了约 800 年。

商铭金文鼎

小知识

金文起源于商代晚期，由于铸金文的技术难度比刻甲骨文更大，所以商代金文出现得很少。

西周的时候，每每发生了国家大事，都要铸鼎铭金文来记录。因此西周金文成为了考古学家研究商周社会最早的文字资料。根据目前已经出土的西周铜鼎，研究者翻译出天子祭祀、周昭王南巡、周穆王西狩等事件的记录。

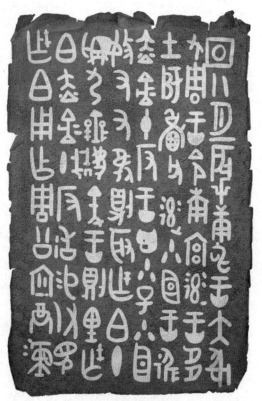

金文

商代的金文只有寥寥几字，但到西周时，金文的字数明显多了起来。

小知识

鼎原本是一种煮食器，后来演变成了一种礼器，是王权的象征。在礼器上记录下的事件，自然都是当时的国家大事。

毛公鼎

毛公鼎铸造于公元前828年—公元前782年，上面的金文有497个字，记事涉及面很宽，反映了西周晚期的社会生活。

西周结束、东周开始，各诸侯国纷纷崛起，文字也开始了不同的演化。当时的东方六国如齐国、楚国、燕国等使用的文字叫"六国古文"或"东土文字"；而西边的秦国使用的文字是小篆。在秦国统一之后，秦始皇下令全国范围内废除其他文字，只使用小篆。这样，汉字又进入了新的发展时期。

汉字的演变

造型奇特的青铜器

　　学会冶炼金属，是古人进入文明社会的标志之一。先民们最先炼造的金属是铜，后来，人们又学会在铜中加入锡和铅，冶炼出一种熔点较纯铜更低、更容易铸造的合金，这就是青铜。青铜器化学性质稳定，且耐磨，自它诞生起，中华古文明便进入了一个新时代。

　　青铜器的出现始于夏朝，考古学家在夏都二里头遗址中就发现了200多件青铜器，包含工具、兵器和礼器等。考古学家经过化学分析，确定这些青铜器中有纯铜，也有锡铜、铅铜和三元青铜。不过这一时期的合金元素杂乱无章，表明冶炼技术还较原始。到了商代，青铜工艺得到了快速发展，大型的青铜礼器开始出现。

早期人类冶铜

二里头遗址出土的嵌绿松石兽面纹铜牌

　　古人用线锯和解玉砂切割绿松石，然后用绿松石碎片在青铜牌上拼出图案，并用黏合剂黏合。这件铜牌经历了近4000年的时光，仍然保存完好，证明当时的工艺非常先进。据推测，铜牌是一种饰品。

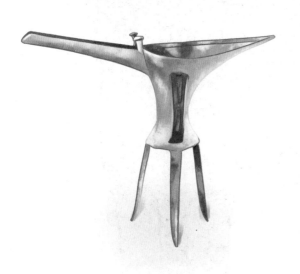

二里头遗址出土的青铜爵

　　爵是贵族身份的象征，也是我国最早出现的青铜器。青铜爵兼有饮酒和祭祀的功能，可用于加热。

夏乳钉纹铜斝

　　斝(jiǎ)是与爵配套的酒器，专门向爵内注酒，并作为温酒器。这件铜斝具有明显的早期青铜器铸造特征。

商朝非常重视青铜器铸造，因为他们认为祭祀和征战是国家的头等大事，所以用青铜制作祭祀用的礼器、征战用的武器也是很重要的工作。目前考古学家发现的最大、最重的青铜礼器是司母戊方鼎，它高133厘米、口长110厘米，重约833千克——比十个人加起来还要重！它不仅形制巨大，还十分精美，鼎身四周铸有精巧的盘龙纹和饕餮（tāo tiè）纹，威武又凝重。

铸造这种庞然大物，即便在今天也不是一件容易的事，那么几千年前的工匠是怎么铸鼎的呢？

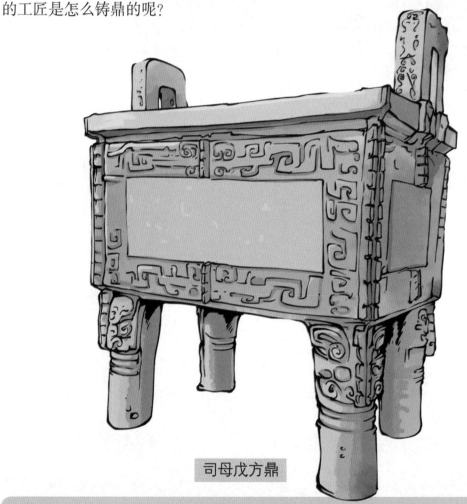

司母戊方鼎

又称后母戊鼎，是我国现存最大、最重的青铜鼎，约铸造于公元前1400年—公元前1100年。它的出现充分说明商代后期的青铜铸造业不仅规模宏大，而且组织严密、分工细致，足以代表高度发达的商代青铜文化。

夏、商时期，工匠们铸造青铜器的方法叫作块范法，即先在石块或泥块内刻出型腔，然后把范模合在一起，向型腔中灌入铜液，等铜液冷却，再卸掉范模。如果器物结构特别复杂，则分别铸造出器物的零件，再将它们合铸到一起。

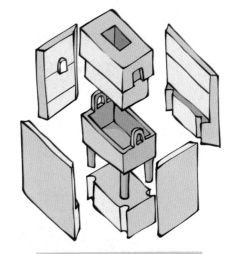

块范法铸青铜鼎示意图

青铜器铸造厂

河南郑州是商朝前期的都城，在这里就出土过很多商代的泥范、坩埚和青铜器。商代铸造青铜需要耗费大量铜、锡和铅，为了获得更多矿石资源，商人曾经多次发起对南方诸国的战争。在获取资源的同时，商人也把自己的青铜铸造技艺带去了长江流域。因此在我国南方，也出土了不少制造技艺精湛的青铜器。

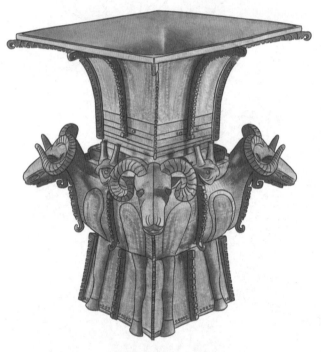

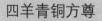
四羊青铜方尊

大禾人面纹方鼎

出土于湖南宁乡，制作于商代晚期，是一件祭祀礼器。颈部高耸，四边装饰有蕉叶纹、三角夔（kuí）纹和兽面纹，四角各塑有一只羊，造型生动准确。这件礼器器形独特、工艺精美，是商代青铜器中的精品。

出土于湖南宁乡，铸造于商代晚期。鼎上的人面造型非常奇特，让人过目不忘。"大禾"为铸于鼎腹内壁的二字铭文，"禾"指代粮食，因此有研究者猜测这只鼎是用作祭祀农神的礼器。

商代象尊

象尊出土于湖南醴（lǐ）陵。大象的鼻子上翘，似一条神龙。象身通体有轮纹，这是神力的象征。在大约 4000 年前，我国南方的人们已经开始驯化野象。

商代猪尊

制作于商代晚期。这件器物采用猪作器形，十分罕见。猪呈站立姿态，有獠牙外露，整体比例关系与细部结构都比较准确。商代的动物形青铜器均有很强的写实性。

商代青铜器中，除了礼器，还有大量兵器。当时的兵器主要有戈、矛、钺等。戈是我们祖先独创的冷兵器，可以通过钩杀和啄击来伤害敌人。最早的戈为石制，商代时开始出现青铜戈。矛是用于直刺、扎刺的长柄格斗兵器，矛头像一把匕首。钺是一种类似斧头的武器，在后期逐渐演变成一种礼器。

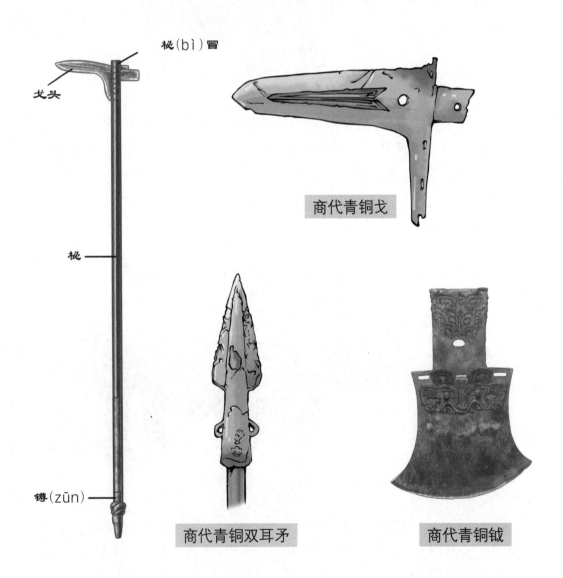

柲（bì）冒

戈头

柲

鐏（zūn）

商代青铜戈

商代青铜双耳矛

商代青铜钺

与攻击性武器相配套出现的，还有防御性兵器盾、甲、胄 (zhòu)。保护头部的护具叫胄，保护身躯的护具叫甲。商朝兵士一般使用皮革甲、青铜胄，手持带有铜饰的皮盾。

商朝军士

商代虽然出现了一些青铜兵器，但使用者主要是贵族和将军，普通士兵只能用石质和骨质武器。

在农业生产方面，商人也开始使用金属工具了。他们制造的青铜农具有铲、镈（bó，后世的耧锄、镫锄的原型）、耒、耜、犁等。在河南安阳、郑州等地，就出土过商人的铜铲。不过由于当时青铜比较稀有，青铜农具的制造量并不大，而且青铜质地较软，并不适合做农具，因此青铜农具没有得到普及。

商代青铜农具

小剧场：神秘的三星堆

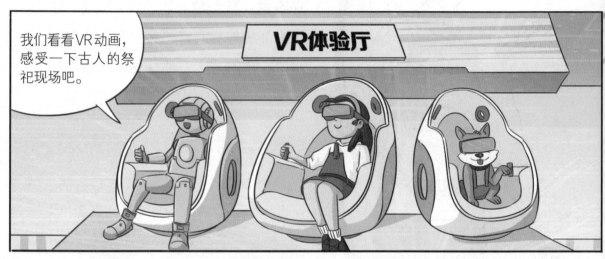

我们看看VR动画，感受一下古人的祭祀现场吧。

VR体验厅

怎么样？博物馆的三星堆特展很棒吧。

实在是太惊人了！

汪！

四川三星堆竟然有这么发达的文明,太惊人了。

可是我听说三星堆人是外星人。

怎么可能?不过三星堆文明中,确实有很多未解之谜。

好神秘啊!

想知道有哪些未解之谜吗?

三星堆的谜团

在夏、商时期的四川，曾经有一个独立于商王朝的国家，叫古蜀国。近年来，考古学家在四川三星堆遗址挖掘到了大量精美的青铜器，证明古蜀国也有着高度发达的青铜铸造技术。但随着发掘工作的持续开展，研究者却提出了越来越多的疑问——我们对三星堆发掘了多年，为什么一直找不到古蜀人的尸骸和文字？制造青铜器需要大量的铜，但四川的铜矿很少，那么古蜀人的铜原料是从哪里来的？三星堆的很多青铜器，都很符合《山海经》的描述，难道古蜀人和《山海经》之间有什么特别的联系？

由于我们现存的史料里，关于古蜀人的记载非常少，因此考古学家只能通过继续挖掘实物，才能逐步解答上面那些问题。希望在不久的将来，这些谜团都会揭晓。

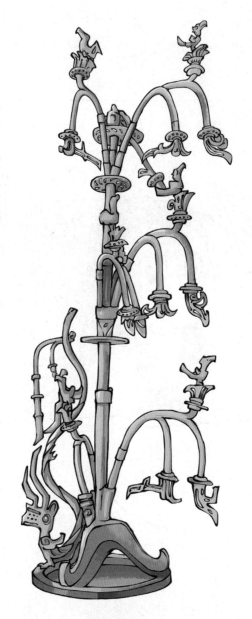

青铜神树

一号青铜神树是目前三星堆出土的最高的青铜器，高近4米，但顶部还有部件尚未完成修复。树上铸有10只鸟，在远古，鸟是太阳的象征。《山海经》中描述道：东方有一棵名为扶桑的神木，树上栖息着10个太阳，这些太阳会按照一定顺序，来到人间照亮天空。三星堆的青铜神树无疑是在表现这个神话。

三星堆青铜器中还有一个著名的大立人，他双手持祭祀物品，站在一个高台上，神态安详。研究者推测他是一位巫师，正在举行祭礼。但大立人手中到底拿着什么物品，考古专家一直没能给出确切答案。

　　另外，三星堆遗址中还出土了许多象牙、贝壳，说明古蜀国当时是非常富庶的。

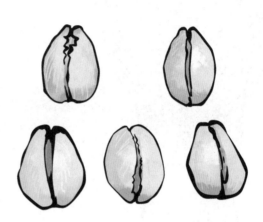

三星堆出土的海贝

　　贝壳在史前社会充当着货币的角色，而三星堆出土的海贝来自印度洋，说明在5000多年前，古蜀人就与南亚民族有生意上的往来了。

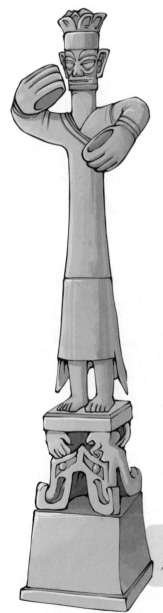

青铜立人像

　　立人的服装、发型与同时期的商人完全不同，研究者因此推测他是一位地位尊崇的巫师。

三星堆中出土的很多青铜器都很奇特，比如竖着长眼睛的人，还有像大车轮一样的圆形器具。这些青铜器的铸造工艺很先进，不输给中原的商王朝。

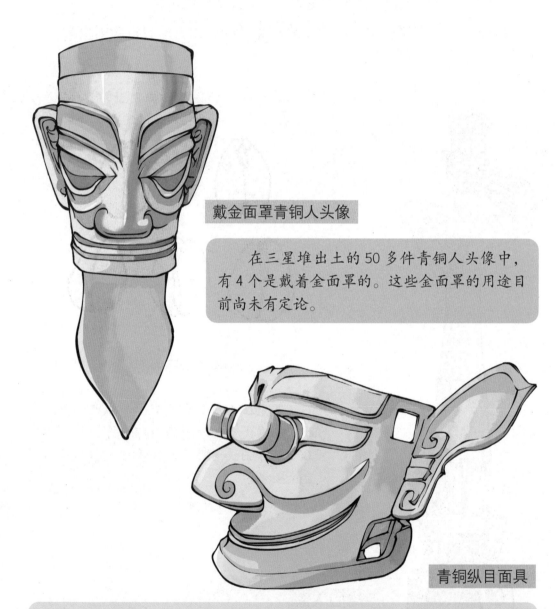

戴金面罩青铜人头像

在三星堆出土的 50 多件青铜人头像中，有 4 个是戴着金面罩的。这些金面罩的用途目前尚未有定论。

青铜纵目面具

三星堆出土的众多青铜面具都带有"纵目"特征，即眼睛竖着长。有人推测，这是在模仿神兽烛龙。烛龙是《山海经》中人面蛇身的神兽，它睁开眼睛就是白天，闭上眼睛就是夜晚。但也有神话说古蜀人的国王蚕丛就是纵目，因此猜测这种面具与蚕丛有关。

在出土文物中，尤其令考古学家感到惊奇的是一根黄金打造的权杖，这类器物的出土在我国其他地区是没有先例的。使用金面罩、金权杖是古代西亚民族的特征，因此有人推测，生活在三星堆的古蜀人也许已经与两河流域的先民取得了联系。

权杖上雕刻有鱼、鸟和人的图案，这是什么意思？中原出土的史书中记载过两位古蜀国的国王，一位是蚕丛，他曾带领古蜀百姓养蚕制丝；另一位是鱼凫（fú），他带领百姓捕鱼获取食物。有研究者因此推测，权杖可能与国王鱼凫有关。

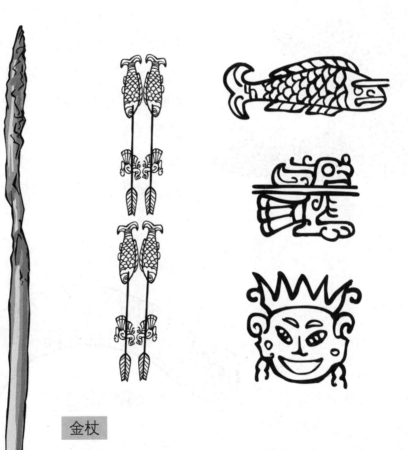

金杖

三星堆出土的这根金杖是由金皮包裹着木杖制成，出土时木杖已经炭化，仅剩金皮。三星堆出土的金器金含量在80%—99%之间，可以说当时提纯工艺非常精湛了。

嫘祖养蚕

最早的缫丝纺织技术

中国人自古擅长纺织。早在史前时代，人们便从自然界中发现了一种神奇的纤维——蚕丝，古人发现蚕吐丝作茧之后，只要用热水煮茧，茧就会膨胀，上面的丝就会剥落下来，而将这些丝收集、编织起来，就能造出轻薄透气的丝绸！传说中，发现蚕丝秘密的人是黄帝的妻子嫘（léi）祖。嫘祖带领人们种桑、养蚕，很快让蚕桑业在中原兴盛了起来，人们为了纪念她的功德，便将嫘祖称为"蚕神"。

目前考古发现的最早丝织品是在浙江吴兴钱山漾遗址出土的四五千年前的绢片，这块绢片是用腰机织成的，结构非常细密。经专家鉴定，所用的丝是家蚕丝，说明当时已经饲养家蚕。

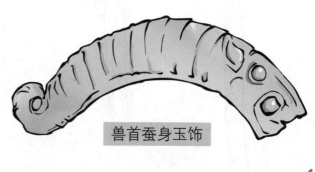

兽首蚕身玉饰

小知识

商周时期，人们对蚕的形象非常喜爱。全国多地都有玉蚕出土。

西周弓鱼国墓出土的玉蚕

手工缫丝

将蚕茧加热，把蚕丝从茧上剥离出来的过程叫作缫（sāo）丝。在缫丝机发明以前，人们都是手工缫丝。由于蚕丝很细，所以需要把几根丝合在一起捻才能形成一根丝线。

丝绸意义重大，它不仅是服装面料，还是文化载体。在竹简、纸张发明之前，贵族会将书信写在绢帛（bó）上。丝帛还一直是绘画的原材料，在丝绸上作的画叫绢本。在汉朝时，丝绸还曾出口到中亚、西亚和欧洲，这条贸易商路也是以丝绸而得名"丝绸之路"。

虽然先民们很早就学会了养蚕缫丝，但丝织品在古代的产量不高，只有贵族能使用，因此对于大部分平民来说，还是麻葛布更加常见。

植物纤维纺织及染色技术的出现

早在史前时代，人们已经学会编织绳子和渔网，在距今约 7000 年的河姆渡遗址中，考古专家还发现了用芦苇编的织物，以及纺轮、腰机等纺织工具。可以看出，这一时期的人们已经不再只穿着兽皮，而是会将芦苇、麻、葛等植物纤维捻成线，再织成粗布制作衣服。

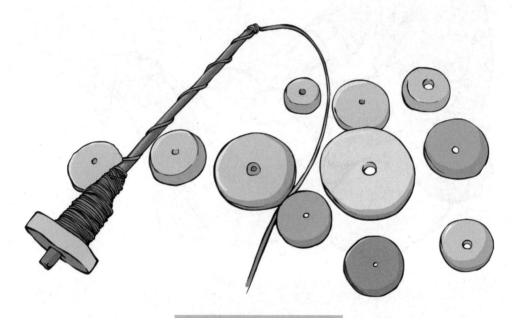

河姆渡遗址出土的纺轮

纺轮的结构很简单，它可以同时完成纱线的加捻和续接两个基本动作，后世纺纱机上的纱锭就是由此演化来的。河姆渡遗址出土的纺轮都是用陶制作。

腰机是最原始的织布机械，它没有机架，使用时需要织布者席地而坐，将卷布轴的一端系于腰间，双足蹬住另一端的布轴，然后用分经棍将经纱按奇偶数分成两层，用提综杆提起经纱形成梭口，以骨针、打纬刀进行编制。腰机的结构虽然简单，但已经演化出了提综杆、分经棍和打纬刀等部件，它的出现标志着纺织技术的产生，让人类进入了穿用纺织品的文明时代。

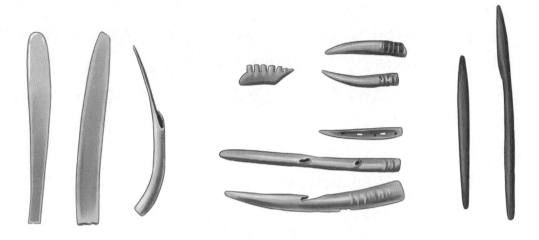

河姆渡遗址出土的纺织机械零件

河姆渡遗址出土的机械零件很丰富，有分经棍、绕纱棒、齿状器、机刀、梭形器等。河姆渡人缝制衣服使用骨针，其大小与今天的大号钢针差不多。

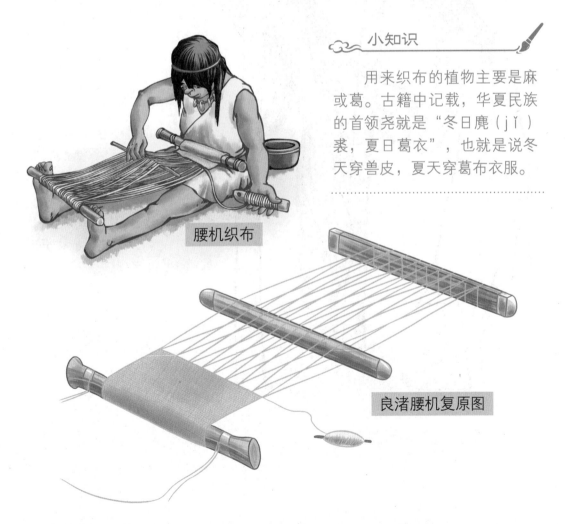

腰机织布

良渚腰机复原图

小知识

用来织布的植物主要是麻或葛。古籍中记载，华夏民族的首领尧就是"冬日麑（jǐ）裘，夏日葛衣"，也就是说冬天穿兽皮，夏天穿葛布衣服。

人们学会织布以后，又开始用植物染料为布染色。古代使用的染料都来自植物，因此称"草染"。当时使用的染料植物有蓝草、茜草、紫草、栀子等。蓝草是含靛素植物的总称，包含蓼蓝、松蓝、马蓝等。其中蓼蓝在夏朝时就已出现人工种植。茜草的根部是淡红色，将其捣碎蒸煮后可以为织物染上红橙色。

根据古籍记载，夏朝末期到商朝，宫中的妇女都会穿着"锦绣绮纨"，说明当时已经出现了织锦。

小知识

织锦，指用染好颜色的彩色经纬线，经提花、织造工艺织出图案的织物。织锦的出现，说明夏末商初人们的织造技术更加先进了。

染线晾干

西周时，已经设立了专门负责纺织品染色的官员，称为"掌染草"，染色工匠被称为"染人"，他们使用的染色方法有浸染、媒染、套染等。这一时期，染料也更加丰富了，除了蓝草、茜草等植物染料，还开始使用朱砂、石黄、石绿、铅粉等矿物染料。陕西宝鸡弓鱼国墓出土的刺绣品就使用了朱砂和石黄等染料，经过几千年仍十分鲜艳。

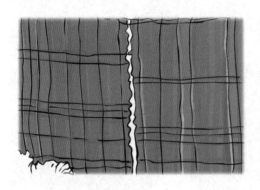

西周彩格毛布

目前我国发现的最早的彩色毛织布是一块西周彩格布，它具有斜纹组织，经纬线先染后织，代表了先秦时期毛纺织和染色的技术水平。

我国古代服饰有以纹样、色彩、衣饰作为区分等级标志的传统。在服装纹样方面，最具代表性的就是"十二纹章"。十二纹章指日、月、星辰、山、龙、华虫（雉鸡）、宗彝（yí）、藻、火、粉米、黼（fǔ，斧状花纹）、黻（fú，黑青相间的花纹）。相传，这12种纹样起源于夏朝。

十二纹章

纹章拥有丰富的寓意：日、月、星辰，取其照临之意；山，取其稳重、镇定之意；龙，取其神异、变幻之意；华虫，取其有文采之意；宗彝，取供奉、孝养之意；藻，取其洁净之意；火，取其明亮之意；粉米，取粉和米有所养之意；黼，取割断、果断之意；黻，取其辨别、背恶向善之意。

衮服示意图

　　绘绣有十二纹章的服装叫衮（gǔn）服，是帝王的专用服装，衮服制度在《周礼》中已有记载，后来一直延续了几千年。衮服除了对纹样有要求，对色彩也有严格规定。

后记

　　华夏五千年的历史源远流长，各种重要的科技成就层出不穷，为人类文明的发展作出了不可磨灭的卓越贡献，这是我们每一位中国人的骄傲。不过，我国虽然历来有著史的传统，但对专门的科技发展史却着墨不多。近现代，英国科技史专家李约瑟所著的《中国科学技术史》是一部有影响力的学术著作，书中有着这样的盛赞："中国文明在科学技术史上曾起过从来没有被认识到的巨大作用。"

　　不过，像《中国科学技术史》这样的科技史学著作篇幅浩瀚，囊括数学、天文、地理、生物等各个领域。如何把宏大的科技史用浅显的语言讲述给孩子们，是我一直思考的问题。让儿童也了解我国的科技史，进而对科技产生兴趣，对华夏文明产生强烈的自豪感，那真是意义非凡。

　　经过长时间的积累和创作，这套专门给少年儿童阅读的中国科技史——《科技史里看中国》诞生了。希望这套书的问世能填补青少年科技史类读物的空白。这套书图文并茂，故事性强，符合儿童的心理特点，以朝代为线索将科技史串联起来，有利于孩子了解历史进程。

　　希望《科技史里看中国》能够带孩子们纵览科技史，从历史中汲取智慧和力量，提升孩子们的创造力和科学素养。